FORSCHUNGSBERICHTE DES LANDES NORDRHEIN-WESTFALEN

Nr. 2047

Herausgegeben im Auftrage des Ministerpräsidenten Heinz Kühn
von Staatssekretär Professor Dr. h. c. Dr. E. h. Leo Brandt

DK 620.178.14:620.178.784:667.613

Prof. Dr. Werner Funke
Dr. Ulrich Zorll

Forschungsinstitut für Pigmente und Lacke e.V., Stuttgart

im Auftrage der Deutschen Forschungsgesellschaft
für Blechverarbeitung und Oberflächenbehandlung e.V., Düsseldorf

Prüfung und Beurteilung von Methoden zur Bestimmung der Eigenschaften von Blechlackierungen

SPRINGER FACHMEDIEN WIESBADEN GMBH 1969

Verlags-Nr. 012047

© Springer Fachmedien Wiesbaden 1969
Ursprünglich erschienen bei Westdeutscher Verlag GmbH, Köln und Opladen 1969

Gesamtherstellung: Westdeutscher Verlag ·

ISBN 978-3-663-19976-2   ISBN 978-3-663-20324-7 (eBook)
DOI 10.1007/978-3-663-20324-7

Inhalt

Vorwort 5

I. Prüfung und Beurteilung von Methoden zur Bestimmung der Eigenschaften von Blechlackierungen 6

   1. Kugelstrahlversuch nach DIN 53154 zur Bestimmung der Schlagfestigkeit von Anstrichen 6

   2. Stabhärteprüfung nach WEINMANN 8

Zusammenfassung 9

Literaturverzeichnis 10

II. Prüfungsmethoden zur Bestimmung der Oberflächenverletzbarkeit von Anstrichen 11

   1. Einleitung 11

   2. Untersuchung der Schlagfestigkeit von Lackanstrichen mit dem Kugelstrahlschacht nach DIN 53154 11

   3. Vergleich der Kugelstrahlmethode DIN 53154 mit der Hagelschlagmethode nach SIKKENS–DANTUMA 18

   4. Steinschlagfestigkeit nach der »Hahnpick«-Methode 20

   5. Vergleichende Untersuchung verschiedener Ritzwerkzeuge bei der Gitterschnittmethode und Untersuchung einer Kreisschnittmethode zur Beurteilung der Haftfestigkeit 22

   6. Prüfmethode für die Oberflächenverletzbarkeit von Lackfilmen durch Schleifbeanspruchung 27

Anhang 29

Vorwort

Für die Schutzfunktion von Anstrichen ist eine vollständige Bedeckung der zu schützenden Gegenstände wichtig, was mit den heutigen Auftragsverfahren im allgemeinen auch zu erreichen ist. Eine vollständige Bedeckung allein genügt jedoch nicht; der Anstrichfilm muß unter praktischen Bedingungen auch intakt bleiben, das heißt gegen mechanische Einwirkungen möglichst unempfindlich sein. Örtliche Verletzungen müssen zwar nicht unbedingt die Schutzwirkung des umgebenden intakten Anstrichfilms beeinträchtigen, doch wirken in der Folge häufig auftretende Korrosionserscheinungen, mindestens optisch, ungünstig.

Die vorliegenden Untersuchungen betreffen den Bereich der

Mechanischen Verletzbarkeit von Anstrichen.

Für die Prüfung der mechanischen Verletzbarkeit von Anstrichen gibt es zahlreiche Methoden, deren Bedeutung und Verbreitung unterschiedlich ist. Wichtig ist, daß die praktische Beanspruchung bei diesen Prüfmethoden sinnvoll verstärkt und möglichst naturgetreu nachgeahmt wird. Solche Methoden bezeichnet man auch als Gebrauchswertprüfmethoden. Bei diesen Prüfmethoden ist eine kritische Deutung der Meßwerte unerläßlich.

Das erstrebenswerte Ziel für die Beurteilung mechanischer Einflüsse auf Anstriche sind physikalisch exakte Prüfmethoden, die definierte Meßwerte liefern. Leider gibt es bisher in der ganzen Anstrichprüftechnik nur wenige solcher Methoden. Nicht nur deshalb dürften zweckentsprechende Gebrauchswertprüfmethoden auch in Zukunft unentbehrlich bleiben; denn bei der mechanischen Beanspruchung von Anstrichen spielen häufig mehrere Anstricheigenschaften und ihr Zusammenwirken eine wichtige Rolle, was auf andere Weise als durch eine Gebrauchswertprüfung kaum zu erfassen ist. In der vorliegenden Arbeit wurde die Reproduzierbarkeit der Meßwerte, Anwendungsgrenzen und Auswertung folgender Untersuchungsmethoden geprüft:

I. Kugelstrahlversuch nach DIN 53154 zur Bestimmung der Schlagfestigkeit von Anstrichen

Die Kugelstrahlbeanspruchung nach DIN 53154 ist eine Methode zur Prüfung der Schlagfestigkeit von Anstrichen gegen aufprallende harte, runde Körper größeren Durchmessers. Für die Beurteilung der Widerstandsfähigkeit gegen Schlagbeanspruchung durch scharfkantige Gegenstände oder gegen Steinschlag ist diese Methode nicht zweckmäßig.

II. Stabhärteprüfung nach WEINMANN

Diese Methode ist zur Bestimmung der Oberflächenempfindlichkeit von relativ harten Anstrichen geeignet. Um die Meßwertschwankungen möglichst gering zu halten, ist unbedingt darauf zu achten, daß keine zu hohe Ziehgeschwindigkeit verwendet wird. Vorteilhaft bei diesem Gerät ist es, daß es auch an gekrümmten Flächen eingesetzt werden kann.

III. Prüfungsmethoden zur Bestimmung der Oberflächenverletzbarkeit von Anstrichen

Die Verletzbarkeit von Lack- und Anstrichfilmen gegen mechanische Einwirkungen bei kurzzeitiger, schlagartiger Beanspruchung durch aufprallende Steine oder andere harte Gegenstände und bei ritzender, kratzender oder schürfender Beanspruchung durch Zweige oder Bürsten und dergleichen ist bei Industrielackierungen, besonders bei Fahrzeuglackierungen, von erheblicher Bedeutung.

In den Untersuchungen wurden eine Reihe von Prüfmethoden erprobt und zum Teil mit bekannten Methoden verglichen, um ihre Brauchbarkeit und Reproduzierbarkeit beurteilen zu können.

I. Prüfung und Beurteilung von Methoden zur Bestimmung der Eigenschaften von Blechlackierungen

1. Kugelstrahlversuch nach DIN 53154 zur Bestimmung der Schlagfestigkeit von Anstrichen

Zur Bestimmung der Schlagfestigkeit von Anstrichen ist eine Reihe von Prüfmethoden bekannt, bei denen die praktische Beanspruchung nachgeahmt wird. Die einzelnen Methoden für diese Gebrauchswertprüfungen unterscheiden sich in erster Linie in der Art und Menge des angewandten Schlagmaterials, im Auftreffwinkel und der Kraft, mit der das Schlagmaterial auf den Anstrich auftrifft. Bei schrägem Auftreffwinkel und entsprechend kleinem Schlagmaterial besteht ein Übergang zu den Verhältnissen bei der Abriebprüfung.

Bei der Bestimmung der Schlagfestigkeit nach DIN 53154 wird eine Prallbeanspruchung durch Stahlkugeln auf die Anstrichoberfläche ausgeübt, ohne daß der Anstrichuntergrund dabei bleibend und stärker verformt wird.

Versuchsdurchführung

Die verwendeten Lacke wurden auf die Probebleche (150 mm × 95 mm × 2 mm) aufgeschleudert. Nach einer Trockenzeit von rd. sechs Wochen bei 23°C und 45% rel. Feuchtigkeit wurden die Proben im Kugelstrahlschacht geprüft. Die Abmessungen des Prüfgerätes und die Durchführung der Prüfung entsprachen DIN 53154. Das Meßklima betrug 23°C und 45% rel. Luftfeuchtigkeit. Auf das in DIN 53154, Abschnitt 5.3, genannte Abbürsten wurde verzichtet, da durch Bürsten bei einem Teil der Anstriche Kratzspuren entstanden und so eine Verfälschung der Ergebnisse zu befürchten war.

Auswertung

Bei DIN 53154 werden drei Kennwerte unterschieden:
A: Der Anstrich bedeckt den Untergrund lückenlos.
B: Weniger als 7 cm² des Anstriches sind abgeblättert.
C: Mehr als 7 cm² des Anstriches sind abgeblättert.

Bei der Prüfung einer Reihe verschiedener Anstrichtypen nach DIN 53154 wurde festgestellt, daß die Unterscheidung zwischen den etwas willkürlich gewählten Kennwerten B und C schwierig ist, weil die Fläche des abgeplatzten Anstriches nicht genau zu bestimmen war und durch das Abreiben mit der Bürste die Streuung der Ergebnisse von Parallelversuchen noch vergrößert wurde.

Reproduzierbarkeit der Ergebnisse

Zur Beurteilung der Reproduzierbarkeit des Kugelstrahlversuchs wurden von verschiedenen, nicht pigmentierten Anstrichen drei bis fünf Parallelproben hergestellt und gemessen. Bei diesen Anstrichproben konnten zwei Wertungsstufen gut unterschieden werden, nämlich

Kennwert 1: Die Anzahl der Kugeln, die notwendig sind, um den Anstrich geringfügig vom Untergrund loszulösen. Der Verlust der Haftung macht sich durch Weißwerden des Anstrichs bemerkbar.

Kennwert 2: Die Anzahl der Kugeln, die notwendig sind, um den Anstrich gerade zu zerstören, wobei Markierungen an der Anstrichoberfläche vom Aufprall der Kugeln nicht als Zerstörung gewertet wurden.

Wie aus Tab. 1 hervorgeht, ist die Reproduzierbarkeit zufriedenstellend. Lediglich bei Anstrichen auf Basis eines Leinölalkydharzes und eines plastifizierten Phenolharzes waren Schwankungen stärker.

Tab. 1 Kugelstrahlprüfungen an Anstrichen (drei bis fünf Parallelproben)

Bindemittel	Schichtdicke	Kennwert 1 (Kugeln)	Kennwert 2 (Kugeln)
Acrylharz, wärmehärtend	37–40	40 000 ± 2 000	87 000 ± 3 000
Phenolharz, plastifiziert	70	25 000–70 000	54 000–96 000
Vinylchlorid-MP	30	500	500
Cyclokautschuk	33	500	500
Chlorkautschuk	20	500	500
Leinölalkyd	65	5 000–7 000	35 000–53 000
Ricinenalkyd–Melaminharz	30	33 000–34 000	103 000–112 000
Epoxidharz–Aminoamidharz		5 000 ± 500	170 000–180 000

Zusammenfassung

Die vorliegenden Untersuchungen über die Bestimmung der Schlagfestigkeit von Anstrichen durch Kugelstrahlversuche nach DIN 53154 ergaben unter den festgelegten Bedingungen ausreichend reproduzierbare Ergebnisse, sofern die Wertungsstufen zweckmäßig gewählt werden. Mit einer zu eng unterteilten Wertungsstufe erreicht man bei solchen verhältnismäßig ungenauen Gebrauchswertprüfmethoden keine differenziertere Beurteilung, sondern nur stärker streuende Ergebnisse bei Parallelversuchen, also verminderte Reproduzierbarkeit.

Da bei pigmentierten Anstrichen die Ablösung des Anstrichs vom Untergrund bei intaktem Film (Kennwert 1) nicht sichtbar ist, ist es zweckmäßig, hier entweder nur den Kennwert 2 zu ermitteln oder einen eingetretenen Haftungsverlust nach Auftreffen einer bestimmten Kugelzahl durch die Gitterschnittprobe nachzuweisen. Bei schlagfesten Anstrichen ist eine Prüfung mit dem Kugelstrahlschacht nach DIN 53154 sehr langwierig, so daß die Anwendung einer kontinuierlich arbeitenden Apparatur empfehlenswert ist.

Die Kugelstrahlbeanspruchung nach DIN 53154 ist eine Methode zur Prüfung der Schlagfestigkeit von Anstrichen gegen aufprallende harte, runde Körper größeren Durchmessers. Für die Beurteilung der Widerstandsfähigkeit von Anstrichen gegen

Schlagbeanspruchung durch scharfkantige Gegenstände oder gegen Steinschlag ist diese Methode nicht zweckmäßig.

2. Stabhärteprüfung nach WEINMANN

Neben den Dämpfungs- und Eindruckmethoden werden zur Bestimmung der Anstrichhärte die sogenannten Ritzhärtemethoden eingesetzt. Die Bezeichnung »Ritzhärte« ist irreführend, weil sehr weiche Anstriche eine gute Resistenz gegen ritzende oder kratzende Beanspruchung (d. h. hohe Ritzhärte) zeigen können, und sehr harte Anstriche gegenüber diesen Beanspruchungen meist sehr empfindlich sind, somit eine niedrige Ritzhärte besitzen. Es handelt sich demnach hier nicht um eine Härtemessung im wörtlichen Sinn, sondern um eine Methode zur Bestimmung der Empfindlichkeit von Lackoberflächen gegen kratzende und ritzende Beanspruchung. Wie später gezeigt wird, bestehen daher keinerlei Korrelationen zwischen der sogenannten Ritzhärte und den Dämpfungs- und Eindruckhärtemeßmethoden.

Über Prüfmethoden zur Bestimmung der sogenannten Ritzhärte liegt eine umfangreiche Untersuchung von WAPLER [1] vor, in der die zahlreichen Schwierigkeiten bei diesen Methoden eingehend erörtert werden. Die verschiedenen Methoden unterscheiden sich im wesentlichen durch:

a) Kontinuierliche oder stufenweise Veränderung der Belastung beim Ritzvorgang,
b) Form des Ritzinstrumentes,
c) Mechanischen oder manuellen Ritzvorgang,
d) Art der Beurteilung: Eindruckspur, Anritzen, Durchritzen des Anstrichs.

Von WEINMANN und Mitarbeitern [2] wurde ein einfach zu handhabender Härteprüfstab entwickelt (Härteprüfstab Typ 318, Fa. Erichsen), der zur Härtemessung an Anstrichen, vor allem auch an gekrümmten Oberflächen, vorgeschlagen wird. Ähnliche Geräte sind bereits früher von ROSSMANN [3] sowie von LAURIE und BAILY [4] bekanntgeworden. Das Gerät nach WEINMANN besteht aus einem Ritzgriffel, der mittels einer verstellbaren Feder mit verschiedener, definierter Kraft auf den Anstrich gedrückt werden kann. Als Maß gilt die Kraft, bei der gerade ein Eindruck auf dem Anstrich sichtbar wird. Die Reproduzierbarkeit der Meßwerte dieser Methode und ihr Anwendungsbereich wurden an einer größeren Anzahl von farblosen und pigmentierten Anstrichen aus verschiedensten Bindemitteltypen (siehe Tab. 2) untersucht.

Zum Vergleich wurde die besonders in den USA häufig verwendete Bleistifthärte, ferner die Pendeldämpfung nach KÖNIG und die Eindruckhärte nach PHILIPS herangezogen.

Versuchsdurchführung

Die verwendeten Lacke (Tab. 2) wurden auf Spiegelglasplatten aufgeschleudert, und die Härte wurde nach der Trocknung von mehreren Personen bei einer Temperatur von 23°C und 45% rel. Luftfeuchtigkeit gemessen. Der Härtestab wurde mit der vorgeschriebenen Vorschubgeschwindigkeit von 5 bis 10 mm/sec über den Anstrich geführt. Bei der Bleistifthärteprüfung betrug die Vorschubgeschindigkeit 33 mm/sec.

Reproduzierbarkeit der Meßergebnisse

Wie schon WAPLER [1] zeigte, kann bei anderen Ritzhärteprüfungen an die Reproduzierbarkeit der Ergebnisse keine zu hohe Anforderung gestellt werden. Die Schwan-

kungsbreiten der Ergebnisse, die mit dem Härtestab erhalten werden, können bis ±20 g Belastung betragen (Abb. I*).
Bei höheren Ziehgeschwindigkeiten ist die Schwankungsbreite noch wesentlich größer. Die angegebene Ritzgeschwindigkeit von 5 bis 10 mm/sec sollte daher nicht überschritten werden.

Tab. 2 Zusammensetzung der für die Härtemessungen verwendeten Anstriche

Lack-Nr.	Bindemitteltyp
1	Melamin–Acrylharz, H_2O-löslich
2	Nitrocellulose–Cocosalkyd–Titandioxid
3	Polyvinylacetat
4	Phenolharz, plast.
6	Melamin–Acrylharz, H_2O-löslich, Titandioxid
7	Cocosalkyd–Melaminharz
8	Harnstoffharz, plast.
9	Cocosalkyd–Melaminharz, Titandioxid
10	Ricinenalkyd–Melaminharz
11	Epoxidharz–Melaminharz

Da viele in der Praxis übliche Anstriche bereits bei Belastungen unterhalb von 40 g einen Eindruck zeigen, ist in diesen Fällen keine Differenzierung mehr möglich.

Vergleich mit anderen Härteprüfmethoden

In Abb. I ist die Bleistifthärte gegen die Stabhärte aufgetragen. Durch senkrechte und waagrechte Striche ist die Streubreite der Messungen angegeben. Aus Abb. I geht hervor, daß beim Härtestab die Meßwertschwankungen etwas größer sind als bei der Bleistifthärte. Die Reproduzierbarkeit der Bleistifthärte ist allerdings nur dann besser, wenn die Striche nicht von Hand, sondern maschinell mit gleichbleibender Belastung gezogen werden. Dagegen war die Differenzierungsmöglichkeit bei der Härteprüfung nach WEINMANN wesentlich besser als bei der Bleistifthärteprüfung.
Ein Zusammenhang zwischen Bleistifthärte und Stabhärte konnte nicht gefunden werden, vermutlich deshalb, weil die Bleistifthärte nur größere Härteunterschiede erfaßt und die Stabhärte verhältnismäßig große Meßwertschwankungen zeigt. In Abb. II und III wird bestätigt, daß zwischen der Stabhärte und der Pendeldämpfung bzw. der Eindringtiefenhärte nach PHILIPS keine Beziehung besteht. Die »Ritzhärteprüfung« stellt demnach keine Härteprüfung im üblichen Sinne dar, sondern ist eine Methode zur Bestimmung der Oberflächenempfindlichkeit.

Zusammenfassung

Wegen der verhältnismäßig großen Meßwertschwankungen ist der beschriebene Härtemaßstab nach WEINMANN vor allem zur Bestimmung der Oberflächenempfindlichkeit von relativ harten Anstrichen, wie zum Beispiel von Einbrennlacken, geeignet. Um die Meßwertschwankungen möglichst gering zu halten, ist unbedingt darauf zu achten, daß keine zu hohe Ziehgeschwindigkeit verwendet wird. Für die Durchführung ist wichtig, daß lediglich die Stahlkugel und nicht der ganze Stift den Anstrich berührt.

* Die Abbildungen stehen im Anhang S. 29–36.

Vorteilhaft ist bei diesem Gerät, daß es auch an gekrümmten Flächen eingesetzt werden kann.

Zwischen den Ergebnissen mit dem Härteprüfstab nach WEINMANN und denjenigen anderer Härtemeßmethoden bestehen keine oder nur wenig ausgeprägte Beziehungen.

Literaturverzeichnis

[1] WAPLER, D., Farbe und Lack, 61 (1955), S. 142–155.
[2] WEINMANN, K., Farbe und Lack, 68 (1962), S. 323–326.
[3] WILBORN, F., Physikalische und technische Prüfverfahren für Lacke und ihre Rohstoffe, Bd. II, 1953, S. 474.
[4] GARDNER, H. A., und G. G. SWARD, Paint Testing Manual, 12. Ausgabe, 1962, S. 129.

II. Prüfungsmethoden zur Bestimmung der Oberflächenverletzbarkeit von Anstrichen

1. Einleitung

Die Verletzbarkeit von Lack- und Anstrichfilmen gegen mechanische Einwirkungen bei kurzzeitiger, schlagartiger Beanspruchung durch aufprallende Steine oder andere harte Gegenstände und bei ritzender, kratzender oder schürfender Beanspruchung durch Zweige oder Bürsten und dergleichen ist bei Industrielackierungen, besonders bei Fahrzeuglackierungen, von erheblicher Bedeutung. Mit den heute verfügbaren Materialien ist es bei entsprechender Untergrundvorbehandlung möglich, metallische Gegenstände, wie Karosserien, für ihre normale Gebrauchszeit durch ein Anstrichsystem vor Korrosion zu schützen. Weit schwieriger ist es jedoch, die Verletzung des Films an der Oberfläche und über seine gesamte Schichtstärke beim praktischen Einsatz zu vermeiden. Da bei solchen Lackierungen häufig neben der Schutzfunktion auch die Schmuckfunktion eine erhebliche Rolle spielt, ist es, um eine Auswahl treffen zu können, wichtig, die Verletzbarkeit durch geeignete Meß- und Prüfmethoden charakterisieren oder bewerten zu können. Verletzungen des Lackfilms, die bis zum Untergrund reichen, ermöglichen darüber hinaus eine lokale Korrosion, die zunächst vor allem das Aussehen der Lackierung beeinträchtigt, später aber auch tiefergreifende Schäden verursachen kann.

In den vorliegenden Untersuchungen wurde eine Reihe von neueren Prüfmethoden erprobt und zum Teil mit bekannten Methoden verglichen, um ihre Brauchbarkeit und Reproduzierbarkeit beurteilen zu können.

Folgende Teilaufgaben wurden bearbeitet:

1. Bestimmung der Zwischenschichthaftung von Mehrschichtlackierungen durch Kugelstrahlversuche nach DIN 53154 und Einfluß der Anstrichalterung auf die Haftung am Untergrund.
2. Vergleich der Kugelstrahlmethode mit der Hagelschlagmethode nach SIKKENS-DANTUMA.
3. Steinschlagfestigkeit nach der »Hahnpick«-Methode.
4. Vergleichende Untersuchung verschiedener Ritzwerkzeuge bei der Gitterschnittmethode und Untersuchung einer Kreisschnittmethode zur Bestimmung der Haftfestigkeit.
5. Prüfmethode für die Oberflächenverletzbarkeit von Lackfilmen durch Schleifbeanspruchung.

2. Untersuchung der Schlagfestigkeit von Lackanstrichen mit dem Kugelstrahlschacht nach DIN 53154

2.1 Einfluß der Filmalterung unter gleichen, konstanten Klimabedingungen

In einer früheren Untersuchung (Mitt. der DFGBO 18/19 (1967), 177) wurde das Verhalten von Anstrichen gegenüber einer schlagartigen Beanspruchung ohne Deformation des Untergrundes durch aufprallende Stahlkugeln nach DIN 53154 geprüft und die Anwendbarkeit und Reproduzierbarkeit dieser Methode beurteilt. Einige Ergebnisse deuten darauf hin, daß das Abplatzen der Anstriche durch eine solche schlagartige Beanspruchung mehr oder weniger stark auch vom Alter des Lackanstrichs abhängt. Es wurde daher nunmehr der Einfluß der Filmalterung auf die Prüfwerte beim Kugelstrahlversuch nach DIN 53154 untersucht.

Auch andere Eigenschaften von Anstrichen können sich mit zunehmender Lagerzeit ändern, ohne daß irgendwelche zerstörenden Medien einwirken. So können bei physikalisch trocknenden Bindemitteln eingeschlossene Lösungsmittelreste, die weichmachend wirkend, im Laufe der Zeit aus dem Anstrich verdunsten. Bei oxydativ trocknenden Anstrichen können die photochemischen Reaktionen, die zur Filmbildung beitragen, noch weiter laufen und zum teilweisen Abbau führen. Die Folge davon ist, daß physikalische und chemische Filmeigenschaften auch nach der eigentlichen Filmbildung Änderungen erfahren können, die technologisch von Bedeutung sind.

Der Einfluß der Alterung auf die Haftung von Lackfilmen am Untergrund wurde bei den in Tab. 1 angeführten Anstrichtypen mit Hilfe der Kugelstrahlmethode untersucht.

Tab. 1 Zusammensetzung und Trockenbedingungen der untersuchten Bindemittel
(Rezepturangaben auf Seite 17)

Bindemittel	Trockenbedingungen	Schichtdicke in μm
Cellulosenitrat–Cocosalkydharz/TiO_2 (A)	14 Tage 23°C, 45% r. F.	45–47
Alkydharz, lufttrocknend/TiO_2 (B)	14 Tage 23°C, 45% r. F.	34–36
Cocosalkyd–Melaminharz/TiO_2 (C)	30 Min., 140°C 1 Tag, 23°C, 45% r. F.	44–46
Acrylharz, wärmehärtend/TiO_2 (D)	30 Min., 180°C 1 Tag, 23°C, 45% r. F.	33–35

Wie in der früheren Arbeit gezeigt werden konnte, lassen sich nicht alle in DIN 53154 festgelegten Kennwerte eindeutig bestimmen. Es wurden daher lediglich zwei Kennwerte zur Kennzeichnung herangezogen, und zwar:

Kennwert 1: Die Zahl der Kugeln, die notwendig ist, um den Anstrich gerade vom Untergrund abzuheben. Das Abheben des Lackfilms vom Untergrund läßt sich oft daran erkennen, daß der Film an der betreffenden Stelle etwas weißlich aussieht. Bei pigmentierten Lacken läßt sich dieser Kennwert meistens kaum erkennen, so daß nur Kennwert 2 angegeben werden kann.

Kennwert 2: Die Zahl der Kugeln, die den Anstrich gerade zerstören, das heißt, sein Abplatzen vom Untergrund bewirken.

Die auf 2 mm dicke Stahlbleche aufgetragenen Lackfilme wurden nach der Trocknung ca. 24 Stunden bei 23°C und 45% rel. Luftfeuchtigkeit gelagert (vorausgesetzt, daß sie nicht schon bei diesen Bedingungen getrocknet wurden) und anschließend beim selben Klima aufbewahrt.

Tab. 2 Schlagfestigkeit von Einschichtlackierungen nach verschiedener Trocknungs- bzw. Lagerungszeit

Bindemittel	Lagerungszeit nach dem Auftrag	Kugelzahl bis zum Eintritt von Kennwert 1	Kennwert 2
Cellulosenitrat–Cocosalkydharz (A)	2 Wochen	1 500	1 850 ± 290
	6 Wochen	–	4 500
	12 Wochen	–	5 000 ± 1 200
Alkydharz, lufttrocknend (B)	2 Wochen	–	3 700 ± 750
	6 Wochen	–	2 500
	12 Wochen	–	2 500
Cocosalkyd–Melaminharz (C)	1 Tag	–	11 000
	14 Tage	–	9 700 ± 290
	42 Tage	–	7 700 ± 760
Acrylharz, wärmehärtend (D)	1 Tag	26 000 ± 1 700	28 200 ± 2 000
	14 Tage	25 500 ± 1 300	29 500 ± 2 700
	42 Tage	29 500 ± 2 300	31 500 ± 1 800

Die Zusammenfassung der Ergebnisse zeigt, daß die Schlagfestigkeit von Anstrichen sich während der Lagerung noch verändern kann. Wenn auch die Unterschiede verhältnismäßig klein sind, so läßt sich doch erkennen, daß die Schlagfestigkeit von Anstrichen bei längerer Lagerung sowohl besser (zum Beispiel wärmehärtendes Acrylharz und vor allen Dingen Cellulosenitrat-Alkydharz) als auch schlechter werden kann (zum Beispiel Alkydharz, lufttrocknend und Cocosalkyd-Melaminharzeinbrennlack). Es ist daher bei der Prüfung der Schlagfestigkeit auf gleiche Trocknungs- und Lagerungsbedingungen zu achten, wenn reproduzierbare Ergebnisse erhalten werden sollen.

2.2 Bestimmung der Zwischenschichthaftung bei Mehrschichtlackierungen

Bei der Schlagfestigkeitsprüfung von Einschichtlackierungen im Kugelstrahlschacht ist der Verlust der Haftung auf dem metallischen Untergrund das wichtigste Prüfkriterium. In der Praxis werden jedoch meistens Mehrschichtlackierungen verwendet, und hier interessiert auch die Haftung der einzelnen Schichten aufeinander. Für die Prüfung dieser Zwischenschichthaftung gibt es bis heute noch keine allgemein angewandte Methode. In den folgenden Untersuchungen sollte festgestellt werden, ob die Zwischenschichthaftung mit Hilfe des Kugelstrahlversuchs bestimmt werden kann. Für die Messungen wurden mehrere Zwei- und Dreischichtsysteme hergestellt, deren Rezepturen auf den Seiten 17–18 angegeben sind.

2.3 Ergebnisse

2.3.1 Anstrichsysteme mit guter Zwischenschichthaftung

Es wurden zunächst zwei verschiedene Grundanstriche auf der Basis von Epoxid-Polyamidharz hergestellt. Die Grundierung G-1 war mit TiO_2 pigmentiert und hatte eine Pigmentvolumenkonzentration von 11%; Grundierung G-2 war mit einem Gemisch von Titandioxid, Glimmer und Dolomit pigmentiert. Hier war die PVK 39%.

Diese Grundierungen, die mit einer Trockenschichtdicke von ca. 35 μm hergestellt worden waren, wurden mit einem lufttrocknenden Alkydharz- bzw. einem Cellulosenitratlack überschichtet. Im Unterschied zur weißen Grundierung wurden die Decklacke mit Chromgelb pigmentiert, um die einzelnen Schichten gut zu erkennen. Für die Versuche wurden drei bis vier Parallelproben verwendet. Das Meßklima war 23°C und 45% rel. Luftfeuchtigkeit.

Tab. 3 Kugelstrahlversuch an Zweischichtsystemen mit guter Zwischenschichthaftung

Grundierung	Decklack	Gesamtschichtdicke μm	Anzahl der Kugeln Kennwert 1	Kennwert 2
G-1	D-1	70	55 000–60 000	55 000–63 000
G-1	D-2	70	25 000–30 000	30 000–32 500
G-2	D-1	70	29 000–34 000	30 000–36 000
G-2	D-2	70	16 000–18 000	17 000–19 000

Wie aus Tab. 3 hervorgeht, sind die Streubreiten der Kennwerte bei drei Parallelversuchen relativ gering. Bei allen vier untersuchten Systemen löste sich der Decklack nicht von der Grundierung. Beide Schichten platzten miteinander vom Untergrund ab. Die Haftung zwischen den Grundierungen und den Decklacken ist also stärker als die Haftung der Grundierung am Untergrund.

Als nächstes wurden zwei verschiedene Grundierungen auf Epoxidharzesterbasis verwendet, wie sie auch bei der Karosserielackierung eingesetzt werden. Die Grundierung G-3 enthielt als Pigment ein Gemisch von Titandioxid, Zinkphosphat und Talkum; die Pigmentvolumenkonzentration war 28%. Grundierung G-4 enthielt als Pigment ein Gemisch von Titandioxid, Zinkgelb und Talkum; die Pigmentvolumenkonzentration war 26,5%. Beide Grundierungen wurden für eine Trockenschichtdicke von 25 bis 30 μm aufgetragen und 30 Min. bei 145°C eingebrannt. Dann wurde mit Decklacken auf Basis eines Cocosalkyd-Melaminharzes (Decklack D-3) bzw. eines wärmehärtenden Acrylharzes in Kombination mit Melaminharz (Decklack D-4) überlackiert. Beide Decklacke waren mit Mineralfeuerrot pigmentiert. Geprüft wurden Grundanstriche und Decklacke allein und als Zweischichtsystem auf dem Untergrund. Die Ergebnisse dieser Versuche sind in Tab. 4 dargestellt.

Tab. 4 Kugelstrahlversuch an Mehrschichtsystemen mit guter Zwischenschichthaftung

Grundierung	Decklack	Gesamtschichtdicke μm	Anzahl der Kugeln Kennwert 1	Kennwert 2
G-3	–	28–30	10 000–10 500	12 000–13 000
G-4	–	29–32	8 500– 9 000	10 000–10 500
–	D-3	41–42	4 500– 6 000	5 500– 7 000
–	D-3	ca. 80	3 500– 4 000	4 000– 4 500
–	D-4	30	14 000–16 000	16 000–18 500
G-3	D-3	ca. 70	ca. 6 000	ca. 6 500
G-3	D-4	ca. 62	3 500– 5 000	4 000– 6 000
G-4	D-3	65–70	8 500–13 000	10 000–14 000
G-4	D-4	ca. 58	10 000–11 500	12 000–12 500

Auch bei dieser Serie konnte keine Ablösung der Deckschicht von der Grundschicht festgestellt werden. Grund- und Deckschicht lösten sich zusammen vom Untergrund. Die Schlagfestigkeit der Grundierung wird offenbar auch vom Decklack beeinflußt, und zwar wird sie in manchen Fällen erhöht und in manchen Fällen erniedrigt.

2.3.2 Anstrichsysteme mit schlechter Zwischenschichthaftung

Für diese Versuche wurden folgende Lackschichten hergestellt und eingesetzt:

1. Eine Grundierung (G-5) auf Basis Epoxid-Polyamidharz, pigmentiert mit Eisenoxidrot, Zinkgelb und Schwerspat (Trocknung: 30 Min., 120°C; Schichtdicke: 30 bis 34 μm).
2. Zwischenschicht (Z-1) auf Basis Epoxid-Melaminharz, pigmentiert mit Titandioxid (Trocknung: 45 Min., 180°C; Schichtdicke: ca. 42 μm).

Einmal wurde als Grundschicht die Grundierung G-5 und die Zwischenschicht Z-1 zusammen eingesetzt, das andere Mal wurde als Grundschicht lediglich die Zwischenschicht Z-1 verwendet. Die Grundschicht G-5 zeichnet sich durch gute Haftfestigkeit aus, während die Zwischenschicht zusätzlich noch ausgezeichnete Lösungsmittelbeständigkeit besitzt. Da diese Zwischenschicht nur niedrig pigmentiert wurde und dadurch eine sehr glatte Oberfläche hatte, konnte sich darauf die darüber aufgebrachte Lackschicht nicht gut verankern. Als Decklacke dienten folgende Systeme:

1. Decklack D-5 (auf Basis von Cyclokautschuk-Weichmacher, pigmentiert mit Mineralfeuerrot).
2. Decklack D-6 (auf Basis von Polystyrol, pigmentiert mit Mineralfeuerrot).

Um ein Anquellen der Grundschicht zu vermeiden, wurden bei den Decklacken nur sehr schwache Lösungsmittel, wie Testbenzin und Xylol, verwendet.
Grundlack G-5 hatte eine außerordentlich gute Schlagfestigkeit und wurde erst bei Anwendung von 52 000 (Kennwert 1) bzw. 50 000–55 000 Kugeln (Kennwert 2) zerstört. Noch bessere Schlagfestigkeit zeigte Zwischenschicht Z-1 (Schichtdicke 38 μm), die selbst bei Anwendung von 120 000 Kugeln noch keine Zerstörung zeigte.

Diese Lacke wurden dann mit den bereits erwähnten Decklacken auf Basis von Cyclokautschuk und Polystyrol überschichtet und nach der Trocknung geprüft. Beide Decklacke besitzen nur geringe Schlagfestigkeit.
Im Gegensatz zu den anderen Lackierungen war bei diesen Systemen die Zwischenschichthaftung schlechter als die Haftung auf dem Untergrund. Bei der Bestimmung der Zwischenschichthaftung läßt sich natürlich nur der Punkt festlegen, bei dem der oberste Anstrich zerstört wird und vom darunterliegenden absplittert (Kennwert 2). Die Ergebnisse sind in Tab. 5 zusammengestellt.
Nachdem es sich gezeigt hatte, daß System Z-1 ein Anstrich mit hervorragender Schlagfestigkeit ist, wurde dieser als Grundlack noch mit weiteren Decklacken überlackiert, und zwar mit dem in Tab. 3 angegebenen Cellulosenitratlack bzw. Alkydharzlack, ferner mit dem in Tab. 4 aufgeführten Decklack D-4 aus wärmehärtendem Acrylatharz. Die Ergebnisse sind in Tab. 6 angeführt.
Wie die Tab. 6 zeigt, konnte auch die Haftfestigkeit des Cellulosenitratanstrichs auf der Zwischenschicht Z-1 festgestellt werden, während der Decklack aus wärmehärtendem Acrylharz (D-4) so gut auf der Zwischenschicht haftete, daß Grund- und Decklack *zusammen* absplitterten. Der Alkydharzlack haftete auf dem Grundlack so schlecht, daß er schon nach 1500 Kugeln von der Grundierung absplitterte. Der Cellulosenitrat-

lack zeigte auf dem Metall selbst eine bessere Schlagfestigkeit als auf der eingesetzten Grundierung.

Tab. 5 Kugelstrahlversuch an Mehrschichtsystemen mit schlechter Zwischenschichthaftung

Grundierung	Decklack	Gesamtschichtdicke μm	Anzahl der Kugeln, die notwendig sind, um Kennwert 2 zu erreichen	
			Decklack	Grundlack + Decklack
G-5 + Z-1	–	ca. 80	–	ca. 55 000
Z-1	–	ca. 40	–	120 000
–	D-5	ca. 55	500	–
–	D-6	ca. 30	500	–
G-5 + Z-1	D-5	130–140	3 000–4 000	ca. 50 000
G-5 + Z-1	D-6	110	500	ca. 42 000
Z-1	D-5	90	1 000	80 000–100 000
Z-1	D-6	70	500	100 000

Tab. 6 Kugelstrahlversuch an Mehrschichtsystemen

Grundierung	Decklack	Gesamtschichtdicke μm	Anzahl der Kugeln, die notwendig sind, um Kennwert 2 zu erreichen	
			Decklack	Grundlack + Decklack
Z-1	–	ca. 41	–	120 000
Z-1	D-1	ca. 65	3 000–3 500	120 000
Z-1	D-2	ca. 80	1 000–1 500	120 000
Z-1	D-4	ca. 76	–	140 000
–	D-1	ca. 25	6 000–8 500	–
–	D-2	ca. 40	2 500	–

2.4 Zusammenfassung der Ergebnisse

Die vorliegenden Untersuchungen zeigten, daß die »Zwischenschichthaftung« von Anstrichen mit Hilfe des Kugelstrahlversuchs nur bedingt gemessen werden kann, da die Haftung zwischen den einzelnen Anstrichschichten meist größer ist als die Haftung des Gesamtsystems auf dem Anstrichuntergrund; so splitterte beispielsweise Decklack D-4 nach ca. 16 000–18 000 Kugeln vom Anstrichuntergrund ab, während bei Anwendung einer »Grundierung Z-1« selbst nach 140 000 Kugeln kein Abplatzen des Decklackes vom Grundanstrich festzustellen war. Dies war nicht zu erwarten, da der angewandte Grundlack sehr niedrig pigmentiert war und sehr gute Lösungsmittelbeständigkeit aufwies, so daß eine Verankerung des Decklackes auf dem Grundlack nicht oder nur in geringem Maße vorliegen konnte. Eine Messung der Zwischenschichthaftung war nur dann möglich, wenn der Grundlack eine sehr gute, der darüberkommende Decklack aber eine relativ schlechte Schlagfestigkeit zeigte, wie bei Decklacken auf Basis von Polystyrol, Cyclokautschuk und Cellulosenitrat-Alkydharz auf einer Grundierung mit Epoxidharz-Melaminharz-Basis.

2.5 Anstrichstoffzusammensetzungen und Trockenbedingungen*

A) Cellulosenitratlack

- 20,0 g Wolle E 510, i. B.
- 1,0 g Lackelixier superior
- 3,0 g Vestinol C
- 13,0 g Alkydal C-25, 70%ig Xylol
- 19,0 g Äthylacetat
- 5,0 g Äthylglykol
- 25,0 g Butylacetat
- 0,01 g Siliconöl A
- 13,0 g TiO_2 RN 56

Trocknung: 14 Tage, 23°C, 45% r. F.

B) Alkydharzlack

- 100,0 g Alkydal F 48, 55%ig
- 10,0 g Zinkweiß
- 30,0 g TiO_2 RN 56
- 70,0 g Microdol extra
- 0,5 g Benzoesäure
- 5,0 g Byketol OK
- 1,0 g Mittel 109 I
- 2,5 g Co—Pb—Mn-Lösung

Trocknung: 14 Tage, 23°C, 45% r. F.

C) Alkyd–Melaminharzlack

- 100,0 g Alkydal C-25, 70%ig
- 55,0 g Maprenal NPX, 55%ig
- 0,01 g Siliconöl A
- 50,0 g TiO_2 RN 56

Trocknung: 30 Min., 140°C

D) Acrylharzlack

- 100,0 g Larodur 538, l.ff.
- 50,0 g TiO_2 RN 56
- 0,01 g Siliconöl A

Trocknung: 30 Min., 180°C

Grundierung G-1

- 33,0 g Versamid 600
- 0,01 g Siliconöl A
- 27,0 g Epikote 1001, 75%ig
- 20,0 g TiO_2 RN 56
- 2,0 g Plastopal EBS-400, 60%ig
- 2,0 g Byketol
- 7,5 g Methylglykol
- 7,5 g Toluol

Trocknung: 18 Stunden, 23°C, 45% r. F.
+ 30 Min., 110°C

Grundierung G-2

- 17,0 g Versamid 600
- 0,01 g Siliconöl A
- 13,0 g Epikote 1001, 75%ig
- 15,0 g TiO_2 RN 56
- 5,0 g Micro-Mica
- 20,0 g Microdol extra
- 2,0 g Byketol
- 2,0 g Plastopal EBS-400
- 6,0 g Toluol
- 6,0 g Methylglykol

Trocknung: 18 Stunden, 23°C, 45% r. F.
+ 30 Min., 110°C

Cellulosenitrat-Decklack D-1

- 20,0 g Wolle E 510, i. B.
- 3,0 g Vestinol C
- 1,0 g Ricinusöl, gebl.
- 0,005 g Siliconöl A
- 18,5 g Alkydal C-25, 75%ig
- 7,0 g Äthylglykol
- 30,0 g Butylacetat
- 15,0 g Äthylacetat
- 10,0 g Chromgelb 52

Trocknung: 24 Stunden, 23°C, 45% r. F.

Alkydharz-Decklack D-2

- 91,0 g Alkydal F 48, 55%ig
- 14,0 g Testbenzin
- 1,0 g Butanol
- 25,0 g Chromgelb 52
- 3,5 g Co—Pb—Mn—Sicc-Lösung
- 0,5 g Mittel 109 I
- 0,5 g Ascinin spez.

Trocknung: 7 Tage, 23°C, 45% r. F.

* Bezeichnungen z. T. ges. geschützt.

Grundierung G-3

168,0 g Duroxyn 122 W
 42,0 g Zinkphosphat 30480
 12,0 g TiO$_2$ RN 56
 30,0 g Mikrotalkum
  3,0 g Cer-Isooktanatlösung
  6,0 g Xylol
  3,0 g Äthylglykol
Trocknung: 30 Min., 145°C

Grundierung G-4

Wie Grundierung G-3, aber an Stelle von Zinkphosphat 30408 Zinkgelb KSH/SM

Trocknung: 30 Min., 145°C

Decklack D-3

100,0 g Alkydal C-25, 70%ig Xylol
 54,0 g Resamin 511 F, 55%ig
  0,02 g Siliconöl A
 50,0 g Mineralfeuerrot 5 LG
Trocknung: 30 Min., 130°C

Decklack D-4

100,0 g Plex 4717 L
 36,0 g Resamin 511 F, 55%ig
  0,02 g Siliconöl A
 50,0 g Mineralfeuerrot 5 LG
Trocknung: 30 Min., 130°C

Grundierung G-5

 67,0 g Epikote 1001, 75%ig Xylol
  6,0 g Plastopal EBS-400, 60%ig
 50,0 g Oxidrot 130 F
 50,0 g Zinkgelb KSH/SM
 50,0 g EWO-Weiß
 20,0 g Methylglykol
 20,0 g Toluol
 83,0 g Versamid 600
Trocknung: 30 Min., 120°C

Zwischenschicht Z-1

 70,0 g Epikote 1009
 69,0 g Methylglykol
 71,0 g Toluol
 32,0 g Maprenal TTX, 55%ig
  3,0 g Butylglykol
  3,0 g Byketol OK
  0,01 g Siliconöl A
 43,0 g TiO$_2$ RN 56
Trocknung: 45 Min., 180°C

Decklack D-5

100,0 g Alpex 450 I, 60%ig TB
 25,0 g Sintol T
 20,0 g Testbenzin
 50,0 g Mineralfeuerrot 5 LG
Trocknung: 2 Tage, 23°C, 45% r. F.
         + 30 Min., 80°C

Decklack D-6

100,0 g Polystyrol LG, 30%ig
 10,0 g Sintol
  6,0 g Arsol I
 20,0 g Mineralfeuerrot 5 LG
Trocknung: 2 Tage, 23°C, 45% r. F.

3. Vergleich der Kugelstrahlmethode DIN 53154 mit der Hagelschlagmethode nach DANTUMA–SIKKENS

Die Prüfung der Hagelschlagfestigkeit nach DANTUMA wurde speziell für Flugzeuglacke entwickelt. Bei dieser Prüfung werden Stahlkugeln mit einem Durchmesser von 3,2 mm nacheinander 9 mm vom Zentrum entfernt auf einen horizontal angeordneten Teller (180 mm Durchmesser) gebracht, der mit 1440 U/Min. rotiert (Abb. 1 und 2). Die Kugeln werden durch die Zentrifugalkraft radial durch einen von acht vorhandenen Kanälen nach außen geschleudert, treffen auf die dort angebrachten mitrotierenden Anstrichproben (30 mm × 38 mm) unter einem Winkel von 10° gegen die Normale des Prüfblechs und fallen dann nach unten in einen Sammelbehälter.

Für die Auswertung war sehr nachteilig, daß bei dem oben beschriebenen Gerät nur die Gesamtzahl von Kugeln bestimmt werden kann, die auf die insgesamt acht Anstrichproben treffen, nicht aber die auf ein bestimmtes Probeblech entfallende Zahl von Kugeln. Daher wurde um jedes Probeblech ein Auffangkäfig angebracht, der die Zählung der auf ein Prüfblech aufgeschlagenen Kugeln ermöglichte. Die Unwucht der Drehscheibe blieb im allgemeinen in tragbaren Grenzen, weil sich die Kugeln einigermaßen statistisch verteilten. Beim Unterbrechen des Versuchs und erneutem Ingangsetzen der Drehscheibe ohne vorherige Entfernung der Kugeln aus den Käfigen machte sich die Unwucht in einem bestimmten Drehzahlbereich allerdings zum Teil störend bemerkbar. In einer ersten Versuchsserie wurde die Hagelschlagprüfung mit der Kugelstrahlprüfung an Hand einiger Mehrschichtanstriche verglichen, deren Rezepturen auf den Seite 17–18 angegeben sind. Die Ergebnisse stimmten darin überein, daß beide Prüfmethoden anzeigten, bei welchen Systemen eine schlechte Zwischenhaftung zwischen Decklack und der darunterliegenden Lackschicht vorlag (Tab. 7). Die Zerstörung des Gesamtanstrichs wurde jedoch nur bei extrem unterschiedlichen Lacksystemen übereinstimmend bewertet. Sonst zeigten die nach beiden Methoden gefundenen Abstufungen gewisse Abweichungen. Bei Einschichtlackierungen (Tab. 8) war die Reihenfolge der Einstufung der Filme nach beiden Methoden gleich, auch der Einfluß der Filmalterung wurde nach beiden Methoden übereinstimmend beurteilt.

Zusammenfassend läßt sich feststellen, daß mit beiden Methoden eine grobe Unterscheidung von Anstrichen hinsichtlich ihrer Schlagfestigkeit möglich ist. Die Schwankungen der Einzelwerte sind besonders bei Lacken mit geringer Schlagfestigkeit relativ hoch, was sicher auch damit zusammenhängt, daß das Abplatzen des Anstrichs nicht genau festgelegt werden kann, und die Kugeln nicht alle gleichmäßig oder auf dieselbe Stelle auftreffen.

Das Hagelschlagprüfgerät nach DANTUMA ist eine interessante neue Methode zur Bestimmung der Schlagfestigkeit von Anstrichen, befriedigt aber in der geprüften Ausführung noch nicht, um eine allgemeine Verwendung auf dem Lack- und Anstrichgebiet empfehlen zu können.

Tab. 7 Vergleich der Hagelschlagprüfung nach DANTUMA *mit der Kugelstrahlprüfung nach DIN 53154 an Mehrschichtsystemen*

Lackaufbau				Anzahl der Kugeln bis zur Zerstörung des Anstrichs (Kennwert 2)			
				Kugelstrahlschacht		Hagelschlag nach DANTUMA–SIKKENS	
Grund	Zwischenschicht	Decklack	Schichtstärke in µm	Mittelwert aus drei bis fünf Versuchen		Mittelwert aus acht Versuchen	
				Decklack	Gesamtanstrich	Decklack	Gesamtanstrich
G-1	–	D-1	65–70	–	55 000– 63 000	–	516 ± 60
G-1	–	D-2	65–70	–	30 000– 32 500	–	550 ± 40
G-5	–	–	35	–	50 000– 55 000	–	1 000
G-5	Z-1	–	80–90	–	ca. 55 000	–	1 000
G-5	Z-1	D-5	125	3 000–4 000	ca. 50 000	126 ± 30	1 000
–	Z-1	–	38–42	–	120 000	–	685 ± 50
–	Z-1	D-5	80–90	1 000	80 000–100 000	12 ± 6	655 ± 100
–	Z-1	D-1	65–70	3 000–3 500	120 000	34 ± 16	658 ± 80
–	Z-1	D-2	80	1 000–1 500	120 000	67 ± 20	655 ± 60

Tab. 8 Einfluß der Alterung von Einschichtlackierungen auf die Schlagfestigkeit bei Anwendung der Kugelstrahl- bzw. Hagelschlagmethode

Lacktype	Schichtdicke in μm	Trocknungsbedingungen	Anzahl der Kugeln bis zur Zerstörung des Anstrichs (Kennwert 2)	
			Kugelstrahlschacht Mittelwert aus drei bis fünf Versuchen	Hagelschlag nach DANTUMA–SIKKENS Mittelwert aus acht Versuchen
A	45 ± 3	2 Wochen	1 850 ± 290	34 ± 6
A	45 ± 3	6 Wochen	4 500	42 ± 5
A	45 ± 3	12 Wochen	5 000 ± 1 200	72 ± 12
B	36	2 Wochen	3 700 ± 750	46 ± 5
B	36	6 Wochen	2 500	31 ± 12
B	36	12 Wochen	2 500	44 ± 11
C	45	30' 140°C + 1 Tag	11 000	63 ± 7
C	45	30' 140°C + 14 Tage	9 700 ± 290	38 ± 6
C	45	30' 140°C + 42 Tage	7 700 ± 760	–
D	38 ± 4	30' 180°C + 1 Tag	28 200 ± 2 000	313 ± 50
D	38 ± 4	30' 180°C + 14 Tage	29 500 ± 2 700	323 ± 30
D	38 ± 4	30' 180°C + 42 Tage	31 500 ± 1 800	320 ± 50

4. Steinschlagfestigkeit nach der »Hahnpick«-Methode

4.1 Allgemeines und Versuchsdurchführung

Zur Bestimmung der Steinschlagfestigkeit von Fahrzeuglackierungen sind eine Reihe von Split- oder Steinschleudermaschinen bekannt, bei denen die praktischen Beanspruchungen mehr oder weniger naturgetreu nachgeahmt werden. Solche Prüfapparaturen sind relativ aufwendig. Von der Industrie wurde eine neue Methode, die sogenannte Hahnpickmethode entwickelt, bei der jeweils eine einzelne, dem Steinschlag ähnliche Schlagbeanspruchung des Anstrichs erfolgt, und anschließend die Wirkung beurteilt wird. Bei dieser Methode trifft ein Schlagbolzen aus Stahl unter variierbarer Federkraft und einem ebenfalls variierbaren Aufschlagwinkel auf den Anstrich (Abb. 3).

Bei Anstrichen mit schlechter Schlagfestigkeit platzt ein kreisförmiger Fleck des Anstrichs ab, während bei einem gut schlagfesten Lack nur eine geringe Verletzung unmittelbar an der Aufschlagstelle des Schlagkörpers entsteht (Abb. 4 und 5).

In den nachfolgenden Untersuchungen sollte festgestellt werden, bei welcher Schlagkraft und bei welchem Schlagwinkel (Abb. 6) die günstigsten, das heißt die am besten reproduzier- und differenzierbaren Ergebnisse erzielt werden. Es wurde ferner geprüft, wie das Ergebnis der Prüfung beeinflußt wird, wenn die Probebleche auf einer festen Unterlage aufliegen bzw. wenn sie frei federn können. Zusätzlich wurde untersucht, ob die Größe der abgeplatzten Lackteile als ein Maß für die Steinschlagfestigkeit betrachtet werden kann. Die Untersuchungen wurden an drei verschiedenen Fahrzeuglackierungen durchgeführt, die sich durch unterschiedliche Schlagfestigkeit auszeichneten. Die Lacke wurden von der Industrie zur Verfügung gestellt. Ihre Zusammensetzung war nicht bekannt. Es handelte sich um vierschichtige Einbrennlackierungen folgenden Aufbaus:

Tab. 9 Aufbau der untersuchten Mehrschichtsysteme

Lackfilm I		Lackfilm II		Lackfilm III	
Tauchgrund I	25 µm	Tauchgrund II	25 µm	Tauchgrund II	25 µm
Spritzgrund	25 µm	Spritzgrund	25 µm	Zweikomponenten-Spritzgrund	50 µm
Vorlack	20 µm	Vorlack	20 µm	Vorlack	20 µm
Decklack	35 µm	Decklack	35 µm	Decklack	35 µm

Die beiden Tauchgründe wurden jeweils 25 Min. bei 145°C, die beiden Spritzgründe 25 Min. bei 130°C, der Vorlack 20 Min. bei 130°C und der Decklack 30 Min. bei 130°C im Umluftofen eingebrannt.

4.2 Beurteilung und Differenzierbarkeit

Wie aus den Abb. 7 und 8 zu ersehen ist, steht die Größe der abgeschlagenen Lackteilchen in Zusammenhang mit der Schlagfestigkeit. Allerdings lassen sich durch die Größe der beim Aufschlag freigelegten Stellen der Lackierung nur Lacke mit stark unterschiedlicher Schlagfestigkeit eindeutig unterscheiden. Bei geringeren Unterschieden schwankt die Größe der abgeplatzten Lackflecke auch unter konstanten Versuchsbedingungen zu stark, um noch eindeutig differenzieren zu können. Es zeigte sich ferner, daß kleinere Werte erhalten werden, wenn das zu prüfende Probeblech frei federnd und nicht auf festen Untergrund aufgelegt wird (Tab. 10).

Tab. 10 Einfluß der Prüfblechunterlage auf die Meßergebnisse

	Durchmesser des abgeplatzten Lackflecks	Lagerung des Probeblechs	Schlagwinkel	Schlagstufe
Lackfilm I	3,82 mm	frei federnd	135°	12
	4,28 mm	feste Unterlage	135°	12
Lackfilm II	2,52 mm	frei federnd	140°	12
	4,23 mm	feste Unterlage	140°	12

Es ist daher wichtig, absolut ebene Probebleche zu verwenden, die fest an die Unterlage angespannt werden können. Bei nicht schlagfesten Anstrichen läßt sich mit dieser Methode relativ gut feststellen, ob der Anstrich mangelhafte Adhäsion oder aber schlechte Kohäsion besitzt. Im ersten Fall springt der Anstrich vollständig von der Metallunterlage oder von der darunter liegenden Schicht ab. Bei schlechter Kohäsion bleibt ein Teil der Anstrichschicht am Untergrund und der andere Teil am abgeplatzten Anstrichteilchen zurück.

4.2.1 Abhängigkeit vom Schlagwinkel

Unter dem Schlagwinkel wird der in Abb. 6 eingetragene Winkel verstanden.
Wie aus Abb. 7 zu erkennen ist, hat der Schlagwinkel einen gewissen Einfluß auf die Größe der abgeschlagenen Anstrichplättchen. Bei einem Schlagwinkel von 145° werden trotz einer Schlagstufe von 12 schon kleinere Werte erhalten als bei niedrigeren Schlagwinkeln. Bei Schlagstufen unterhalb von 7 bis 8 wird der Anstrich bei diesem Schlagwinkel überhaupt nicht mehr zerstört. Da bei großen Schlagwinkeln oft schlecht

reproduzierbare Werte erhalten wurden, sind Schlagwinkel von 135° bis 130°, die den Gerätestufen 6 und 7 entsprechen, am günstigsten.

4.2.2 Abhängigkeit von der Schlagstufe

Die Schlagkraft des Bolzens nimmt mit steigender Schlagstufe zu (Abb. 6). Die Größe der abgeschlagenen Anstrichflecke ist ferner stark von der angewandten Schlagkraft abhängig (Abb. 8). Für eine gute Differenzierbarkeit ist es vorteilhaft, eine möglichst hohe Schlagkraft anzuwenden. Allerdings wird dann die Reproduzierbarkeit oft unbefriedigend.

4.3 Zusammenfassung

Bei der hier untersuchten Hahnpickmethode zur Bestimmung der Steinschlagfestigkeit wird die in der Praxis vorkommende Beanspruchung relativ wirklichkeitsgetreu nachgeahmt, ohne daß gleichzeitig auch Abriebvorgänge mit hereinspielen. Die Reproduzierbarkeit der Meßwerte ist allerdings nicht besonders gut, so daß lediglich eine Aussage darüber gemacht werden kann, ob ein Anstrich eine gute oder eine schlechte Schlagfestigkeit besitzt. Kleinere Unterschiede können mit Hilfe dieser Methode nicht festgestellt werden. Die Reproduzierbarkeit kann möglicherweise durch konstruktive Verbesserungen erhöht werden. So ist die Auslösung des Schlagbolzens nicht exakt ausführbar. Ferner wäre es erforderlich, auf dem Aufschlagtisch eine Einspannvorrichtung anzubringen, um die Versuchsbleche fest mit dem Unterlagstisch verbinden zu können.

5. Vergleichende Untersuchung verschiedener Ritzwerkzeuge bei der Gitterschnittmethode und Untersuchung einer Kreisschnittmethode zur Beurteilung der Haftfestigkeit

5.1 Gitterschnittprüfung – Schneidwerkzeuge

Für die Verletzbarkeit von Lackierungen spielt die Haftung der Filmschicht auf dem Untergrund eine wesentliche Rolle. Da für die Bestimmung der Haftfestigkeit bis heute noch keine allgemein anwendbare, einfache und exakte Meßwerte liefernde Methode bekannt ist, wird in der Anstrichpraxis für die Beurteilung dieser Eigenschaft immer noch weitgehend die Gitterschnittprüfung angewendet, die in DIN 53151 beschrieben ist. In dieser Vorschrift werden mehrere Schneidgeräte erwähnt, ohne daß eines davon besonders empfohlen wird. Neben den dort aufgeführten Schneidgeräten werden in der Praxis noch andere Schneidwerkzeuge für diese Prüfung verwendet. Es sollten daher verschiedene Schneidwerkzeuge miteinander verglichen werden, um ihre Brauchbarkeit und Anwendungsgrenzen beurteilen zu können.

Folgende Schneidwerkzeuge wurden untersucht:

1. Einschneidengerät nach DIN 53151,
2. Mehrschneidengerät,
3. Ritzstift nach van Laar–Philips,
4. Rasierklinge,
5. Rasierklinge, abgebrochen,
6. Taschenmesser.

An Stelle des in der DIN-Vorschrift vorgeschlagenen Mehrschneidengeräts mit sechs Schneiden wurde ein solches mit elf Schneiden verwendet, wie es in der älteren DIN-Norm beschrieben wurde. Für die Versuchsdurchführung waren die Angaben aus

DIN 53151 maßgebend. Die Gitterschnittprobe wurde an einem Acrylharzanstrich auf Glas, Chromstahl und normalem Stahl durchgeführt. Ferner wurde ein lufttrocknender Alkydharzlack auf Glas und normalem Stahlblech untersucht. Die Zusammensetzung der Lacke ist auf Seite 25 angegeben. Es wurden jeweils zwei Proben von jedem System in drei verschiedenen Schichtdicken von 30 bis 40 μm, 50 bis 70 μm und 80 bis 100 μm verwendet. Als Ritzabstand wurde sowohl 1 als auch 2 mm gewählt. Alle Proben wurden bei 23°C und 45% rel. Luftfeuchtigkeit gelagert und geprüft. Die Ergebnisse sind in den Tab. 11–14 angeführt.

Die stärkste Beanspruchung der Lacke erfolgte offensichtlich mit dem Ritzstift nach VAN LAAR-PHILIPS. Mit diesem Werkzeug fällt die Beurteilung, von wenigen Ausnahmen abgesehen, häufig ungünstiger aus als mit den anderen Schneidwerkzeugen, was dadurch erklärt werden kann, daß durch den Ritzstift der Film nicht zerschnitten, sondern aufgerissen wird. Die Ergebnisse mit der Rasierklinge als Schneidwerkzeug decken sich im allgemeinen befriedigend mit denen der meisten anderen Werkzeuge, besonders solchen, mit denen der Anstrich ebenfalls vorwiegend geschnitten wird, wie zum Beispiel mit dem Taschenmesser. Nachteilig ist, bei der Rasierklinge und auch beim Taschenmesser, daß sie schnell stumpf werden.

Die Ergebnisse mit einer abgebrochenen Rasierklinge entsprechen erwartungsgemäß im allgemeinen wieder besser denen von Werkzeugen, die mehr ritzartige Anstrichverletzungen geben, wie dem Ritzstift, aber auch dem Einschneidengerät nach DIN 53151.

Mit dem Mehrschneidengerät konnten die Anstriche nicht über alle Schneiden gleichmäßig geschnitten werden, weil die dazu aufzuwendende Kraft zu groß war. Mit dem Sechsschneidengerät, das hier nicht untersucht wurde, dürfte sich diese Schwierigkeit weniger bemerkbar machen.

Auf Glas fiel die Beurteilung des Acrylharzfilmes, besonders deutlich bei geringerem Schnittabstand (Tab. 11), ungünstiger aus als auf Stahl, und dort wieder ungünstiger als auf Chromstahl (Tab. 11 und 12). Bei der höchsten Schichtdicke zeigte sich allerdings auf Stahl eine etwas bessere Haftung als auf Chromstahl. Beim Alkydharzfilm war die Haftung auf Glas fast durchweg und bei allen Schichtdicken besser als auf Stahl. Die Beurteilung der Haftung war zwar nicht bei allen Schichtdicken gleich, doch war kein eindeutiger Einfluß der Schichtdicke auf die Prüfergebnisse festzustellen. Von den untersuchten Schneidgeräten war der Ritzstift am besten und reproduzierbarsten zu handhaben, ergab allerdings auch die härteste Beanspruchung des Films.

Tab. 11 Acrylharzfilm (Schnittabstand 1 mm). Wertung nach DIN 53151.

Schnittwerkzeug	Schichtdicke 30–40 μm			50–70 μm			80–100 μm		
	Glas	Cr-Stahl	Stahl	Glas	Cr-Stahl	Stahl	Glas	Cr-Stahl	Stahl
Rasierklinge	2	0	2	4	0	2	4	0	0
Rasierklinge abgebrochen	4	1	2	4	0	2	4	1,5	0
Taschenmesser	4	1	1	4	0	0	4	0,5	0
Einschneidengerät	4	0,5	2	4	1	2	4	0	0
Mehrschneidengerät	4	1	0	3	1	2	4	2	1–2
Ritzstab nach VAN LAAR-PHILIPS	4	1	1	4	2	1	4	3,5	3

Tab. 12   Acrylharzfilm (Schnittabstand 2 mm)

Schnittwerkzeug	Schichtdicke 30–40 μm			50–70 μm			80–100 μm		
	Glas	Cr-Stahl	Stahl	Glas	Cr-Stahl	Stahl	Glas	Cr-Stahl	Stahl
Rasierklinge	2	0	2	0,5	0	2	0,5	0	0
Rasierklinge abgebrochen	4	0	2	4	0	2	0,5	1–2	0
Taschenmesser	1	0	1	3	0	0	0,5	0,5	0
Einschneidengerät	4	1	2	0,5	1	2	0,5	1	0
Mehrschneidengerät	–	–	–	–	–	–	–	–	–
Ritzstab nach van Laar–Philips	3	1	0	3	1	0,5	2	2	2

Tab. 13   Alkydharzfilm (Schnittabstand 1 mm)

Schnittwerkzeug	Schichtdicke 30–40 μm		50–70 μm		80–100 μm	
	Glas	Stahl	Glas	Stahl	Glas	Stahl
Rasierklinge	0	4	0	3–4	0	3
Rasierklinge, abgebrochen	1	4	1	4	3	4
Taschenmesser	0	3	0	3–4	0	3
Einschneidengerät	1	4	1–2	4	4	4
Mehrschneidengerät	2–3	4	3	4	4	4
Ritzstab nach van Laar–Philips	4	4	4	4	4	4

Tab. 14   Alkydharzfilm (Schnittabstand 2 mm)

Schnittwerkzeug	Schichtdicke 30–40 μm		50–70 μm		80–100 μm	
	Glas	Stahl	Glas	Stahl	Glas	Stahl
Rasierklinge	0	2	0	0	0	0
Rasierklinge, abgebrochen	0	1	0	2–3	0–1	3
Taschenmesser	0	1	0	0	0	0
Einschneidengerät	0	3	0	3	3	2–3
Mehrschneidengerät	–	–	–	–	–	–
Ritzstab nach van Laar–Philips	2	3	2–3	4	3	4

5.1.1 Zusammensetzung der verwendeten Lacke

Acrylharzlack

800,0 g Larodur 150®
200,0 g TiO$_2$ RN 56
  8,0 g Siliconöl A, 1%ig
 50,0 g Xylol
 50,0 g Äthylglykol
Trocknung: 30 Min., 150°C

Alkydharzlack

160,0 g Alkydal F 29®, 60%ig Xylol
 74,5 g Maprenal NPX®, 55%ig
 68,8 g TiO$_2$ RN 56
  3,0 g Siliconöl A, 1%ig

Trocknung: 30 Min., 130°C

5.2 Untersuchung einer Kreisschnittmethode zur Beurteilung der Haftfestigkeit

Im Zusammenhang mit der Gitterschnittprüfung erhebt sich immer wieder die Frage, inwiefern Schwankungen der Meßergebnisse mit einer ungleichmäßigen Führung des Schneidwerkzeuges zusammenhängen. So können eine Verkantung des Schneidwerkzeuges oder eine unterschiedliche Schneidgeschwindigkeit die Beurteilung der Haftfestigkeit beeinflussen. Mit einem Kombinationsprüfgerät (Universal-Härte- und -Haftfestigkeitsprüfgerät Typ 413, Fa. Erichsen, Abb. 9) ist es möglich, auf dem Anstrich kreisförmige Ritzspuren mit gleichmäßiger Geschwindigkeit (1 U/Min.) durch eine Diamantnadel unter variabler Belastung anzubringen. Für die Beurteilung der Haftfestigkeit werden zwei Methoden vorgeschlagen. Nach der ersten Methode wird eine kreisförmige Ritzspur auf dem Anstrich angebracht und danach eine zweite Ritzspur von innen durch Drehen einer mit der Diamantnadel verbundenen Mikrometerschraube an die äußere Ritzspur möglichst gleichmäßig herangeführt (Abb. 10). Wenn sich die innere Spur der äußeren genügend genähert hat, wird der noch dazwischenliegende Filmabschnitt vom Untergrund abgesprengt. Je schlechter ein Film haftet, desto weiter sollte der Abstand (in μm) zwischen beiden Ritzspuren sein, bei dem ein Verlust der Haftung beobachtet wird. Die Abstandsbestimmung erfolgte mit einem Meßmikroskop. Da es schlecht möglich ist, den Ritzvorgang am Enthaftungspunkt abzubrechen, wird zweckmäßig der Span von der Berührungsstelle der beiden Ritzspuren aus nach rückwärts vorsichtig abgehoben. Bei schlecht haftenden Filmen besteht allerdings die Gefahr, daß sich der Film durch die Kerbwirkung beim Abheben, oft aber auch schon davor, über weite Flächen hinweg vom Untergrund löst. Ein solches Verhalten zeigt eindeutig eine schlechte Haftung an, doch ist hier eine genauere Bewertung nicht möglich und im allgemeinen auch nicht von praktischem Interesse. Eine gewisse Schwierigkeit ist die gleichmäßige und reproduzierbare Heranführung des Diamantstiftes an die erste Ritzspur durch manuelle Betätigung der Mikrometerschraube bei der sich drehenden Anstrichprobe. Diese Schwierigkeit kann durch eine andere Methode umgangen werden. Nach dieser Methode wird ebenfalls eine kreisförmige Ritzspur angebracht. Die zweite Ritzspur wird hier aber nicht kontinuierlich an die äußere Ritzspur herangeführt, sondern in verschiedenen Abständen dazu parallel gezogen (Abb. 10). Auch hier ist zu erwarten, daß die Enthaftung bei einem bestimmten Abstand beider Ritzspuren eintritt. Bei den hier untersuchten Anstrichproben, deren Rezepte und Herstellungsbedingungen auf den Seiten 26 und 27 angegeben sind, wurde festgestellt, daß der Enthaftungsabstand im allgemeinen um ca. 30 μm schwankt. Außerdem zeigte sich, vor allem bei schlecht haftenden Lackfilmen ein Einfluß der Länge der innen angebrachten Parallelritzspur auf den Enthaftungsabstand. So führte eine längere Ritzspur bei gleichem Abstand von der ersten Ritzspur unter Umständen eher zur Enthaftung als eine kürzere Ritzspur von nur 1 bis 2 cm. In der folgenden Tabelle sind die Ergebnisse von drei Lackfilmen (35–40 μm Schichtdicke) zusammengestellt und mit der Bewertung nach der Gitterschnittprüfung (DIN 53151) verglichen.

Die Lacke wurden auf Stahlblech als Untergrund geprüft. Die Diamantnadel war mit 150 g belastet.

Tab. 15 Vergleich der Kreisschnittprüfung mit der Gitterschnittprüfung

Lacktyp	Gitterschnitt DIN 53151 (Kennwert)	Kreisschnitt Methode 2 (Enthaftungsabstand) in μm
Ricinenalkyd–Melaminharz	1	280–300
Cocosalkyd-I–Melaminharz	2	400–450
Cocosalkyd-II–Melaminharz	4	850–880

Die Tab. 15 zeigt eine befriedigende Übereinstimmung in der Beurteilung der Haftfestigkeit nach beiden Methoden. Ähnlich wie bei der Gitterschnittprüfung lassen sich jedoch kleinere Unterschiede in der Haftfestigkeit nicht mehr erkennen, weil dazu die Einzelbestimmung zu sehr schwankt. Diese Schwankungen, die allerdings nicht bei allen Filmtypen gleich groß sind, sind am Beispiel eines lufttrocknenden Alkydharzlackes in Tab. 16 illustriert.

Tab. 16 Schwankungen bei der Haftfestigkeitsprüfung nach der Kreisschnittmethode an einer Reihe von Parallelproben

Schichtdicke in μm	Kreisschnitt Methode 1 in μm	Methode 2 in μm	Gitterschnitt
50–52	ca. 500	450–470	bei allen
50–55	ca. 400	390–420	Platten
48–52	ca. 400	400–430	0–1
50–53	ca. 400	350–400	
50–53	ca. 350	350–360	
46–48	ca. 400	380–420	
48–52	ca. 350	350–370	

Eine Einordnung in die Ergebnisse von Tab. 15 zeigt keine Übereinstimmung mit der Beurteilung durch die Gitterschnittprüfung. Es ist daher zu empfehlen, solche Vergleiche nur an gleichartigen Lacktypen durchzuführen, bei denen die Filmhaftung ähnliche Erscheinungen zeigt. Bei sehr harten Lacken in höheren Schichtdicken ist es möglich, daß selbst bei der maximalen Belastung von 1000 g keine auf den Untergrund reichende Ritzspur zu erhalten ist, wie zum Beispiel bei einem Phenolharzfilm von 60 bis 80 μm Schichtdicke beobachtet wurde.

Einbrennlack, weiß
Ricinenalkyd–Melaminharz
41,6 g Alkydal TTM spez., 60% Xylol
15,0 g Maprenal NPX, 55%ig
25,0 g TiO_2 RN 56
 5,0 g Äthylglykol
13,4 g Xylol
Einbrennzeit: 30 Min., 130°C

Einbrennlack, weiß
Cocosalkyd-I–Melaminharz
48,00 g Alkydal C-25, 70% Toluol
20,25 g Maprenal NPX, 55%ig
 2,25 g Äthylglykol
 4,50 g Xylol
25,00 g TiO_2 RN 56
Einbrennzeit: 40 Min., 140°C

Einbrennlack

Cocosalkyd-II-Melaminharz
47,5 g Alkydal C-40, 60% Xylol
22,0 g Maprenal NPX, 55%ig
20,5 g TiO$_2$ RN 56
 1,0 g Siliconöl A, 1%ig
 4,5 g Xylol
 4,5 g Äthylglykol

Einbrennzeit: 30 Min., 140°C

Phenolharzlack, farblos

70,0 g Luphen AM
30,0 g Butanol

Einbrennzeit: 30 Min., 180°C

Lufttrocknender Alkydharzlack

farblos
50,0 g Alkydal L 67
40,0 g Sangajol
 8,0 g Dipenten
 0,5 g Ca Naphthenat, 4% Ca
 0,7 g Pb Octoat, 24% Pb
 0,3 g Co Octoat, 6% Co
 0,5 g Ascinin spez.

6. Prüfmethode für die Oberflächenverletzbarkeit von Lackfilmen durch Schleifbeanspruchung

6.1 Experimentelle Angaben

Zur Bestimmung der Oberflächenverletzlichkeit von Lackfilmen durch über die Oberfläche schleifende Bürsten wurde ein automatisches Schleifprüfgerät hergestellt, das in Abb. 11 schematisch dargestellt ist. Die verwendete Bürste bestand aus Naturborsten von 0,1 mm Durchmesser und 12 mm Länge. Sie wurde ohne besondere Belastung bzw. mit 500 g zusätzlicher Belastung über die Anstrichproben abwechselnd automatisch vor- und rückwärts (ein Hub) bewegt. Bei allen Anstrichen wurden bis zu insgesamt 100 000 Bürstenhübe durchgeführt. Das Versuchsklima war 23°C und ca. 45% rel. Luftfeuchtigkeit. Als Lacke wurden ein Alkydharz–Cellulosenitrat-Kombinationslack, ein Cocosalkyd–Melaminharz-Einbrennlack und ein wärmehärtender Acrylatharzlack verwendet. Alle Anstriche wurden auf einer Epoxidharzgrundierung aufgetragen. Die Schichtdicken der Deckanstriche lagen im üblichen Bereich zwischen 30 und 50 μm. Die Rezepturen und Einbrennbedingungen sind auf Seite 28 angegeben. Als Kriterium für die Verletzbarkeit wurde die Glanzveränderung der Proben mit Hilfe eines Zeiss-Goniophotometers gemessen und in Prozent vom Anfangswert angegeben, wobei als Maßzahl die Halbwertsbreite der Glanzkurven diente. Die Messungen wurden bei einem Einfallswinkel von 45 bzw. 60° durchgeführt. Das Licht fiel parallel zu den Schleifspuren auf die beanspruchte Anstrichoberfläche.

6.2 Ergebnisse

Bei der Schleifbeanspruchung der Lackoberflächen durch die Bürste nahm bei einigen Anstrichen, besonders bei Belastung, der Glanz zunächst etwas zu (Abb. 12a, 12b, 13a, 14b). Diese Glanzzunahme ist wahrscheinlich auf eine Polierwirkung zurückzuführen. Der Einfallswinkel von 60° ist günstiger für die Glanzmessung, weil unter diesem Winkel die Glanzänderung empfindlicher registriert wird (vgl. zum Beispiel 12a und 12b). Im allgemeinen zeigten sich oberhalb 100 Bürstenhüben deutlichere Glanzänderungen. Beim Alkydharz–Cellulosenitrat-Lack (Abb. 12a, 12b) und besonders deutlich beim Acrylharzlack (Abb. 14a, 14b) nahm der Glanz bei längerer Beanspruchung wieder etwas zu, was möglicherweise mit einer gewissen Einebnung entstandener Schleifspuren im Laufe der weiteren Beanspruchung zusammenhängt. Insgesamt betrachtet erlauben diese vorläufigen Ergebnisse noch keine detaillierte Beurteilung. Interessant wären ergänzende Glanzmessungen quer zur Schleifrichtung und die Anwendung anderer Borstenarten und Borstenqualitäten.

Epoxidharzgrundierung

25,0 g Epikote 1001, 60%ig
20,0 g Äthylglykol
22,0 g Zinkgelb KSH
16,5 g Mikrotalkum
16,5 g EWO
11,5 g Versamid 115, 70% Xylol

Epoxidlösung

60,0 g Epikote 1001
12,0 g Äthylglykol
7,0 g n-Butanol
3,0 g Byketol OK
10,0 g Toluol
8,0 g Plastopal EBS 400

Trocknung: 1 Stunde, 80°C

Alkydharz–Cellulosenitrat-Kombinationslack

20,0 g Wolle E 510
1,0 g Lackelixier superior
3,0 g Vestinol C
13,0 g Alkydal C-25, 70%ig
19,0 g Äthylacetat
5,0 g Äthylglykol
25,0 g Butylacetat
1,0 g Siliconöl A, 1%ig
0,5 g Ruß FW 1

Trocknung: 14 Tage bei Zimmertemperatur

Alkyd-Melaminharzlack

117,0 g Alkydal R 35, 60%ig
54,5 g Maprenal TTX, 55%ig
1,0 g Siliconöl A
3,0 g Ruß FW 1

Trocknung: 30 Min., 120°C

Acrylharzlack

80,0 g Luprenal 300 S, 50%ig
20,0 g Maprenal NPX, 50%ig
1,5 g Ruß FW 1
1,0 g Siliconöl A, 1%ig

Trocknung: 30 Min., 130°C

Es ist darauf hinzuweisen, daß die in den Rezepten angeführten Bezeichnungen der einzelnen Komponenten zum Teil gesetzlich geschützt sind. Die verwendeten Rezepturen stellen nicht unbedingt technisch optimale Zusammensetzungen dar, so daß die gefundenen Ergebnisse keine Rückschlüsse auf die Eignung der verwendeten Komponenten zulassen.

Anhang

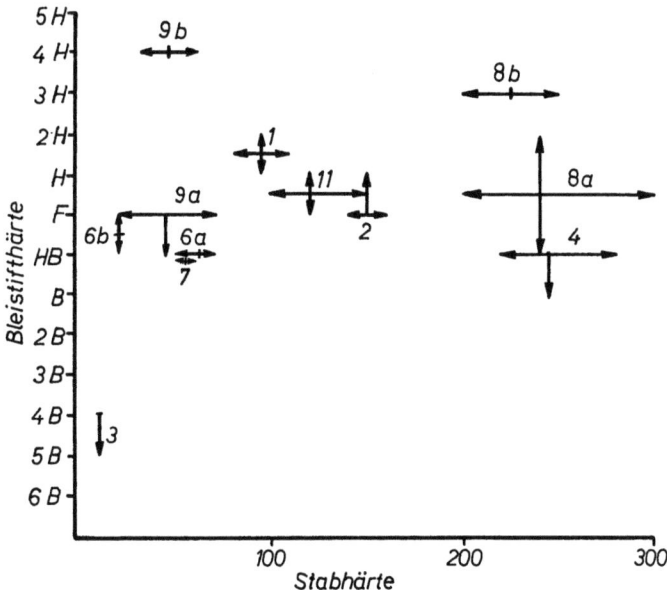

Abb. I Vergleich der Bleistifthärte mit der Stabhärte

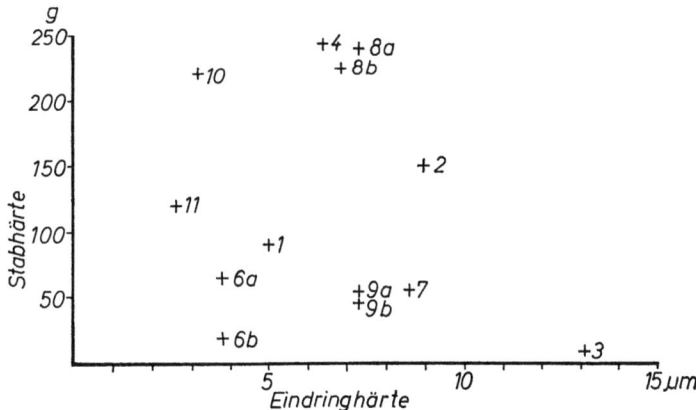

Abb. II Vergleich der Stabhärte mit dem Eindringhärtemesser nach PHILIPS

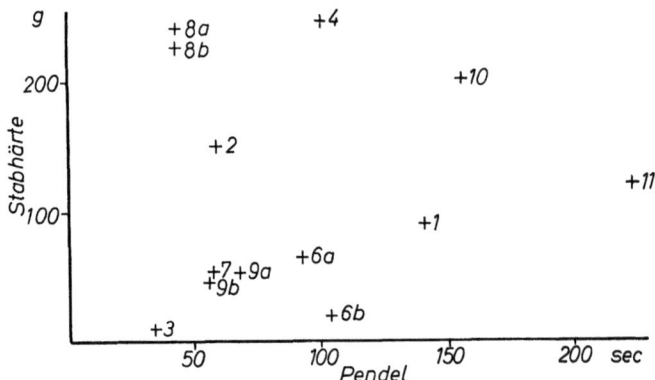

Abb. III Vergleich der Stabhärte mit der Pendeldämpfung nach König

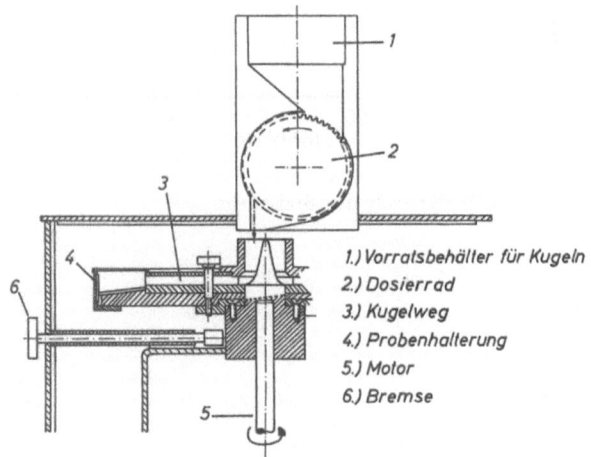

Abb. 1 Hagelschlaggerät nach DANTUMA–SIKKENS

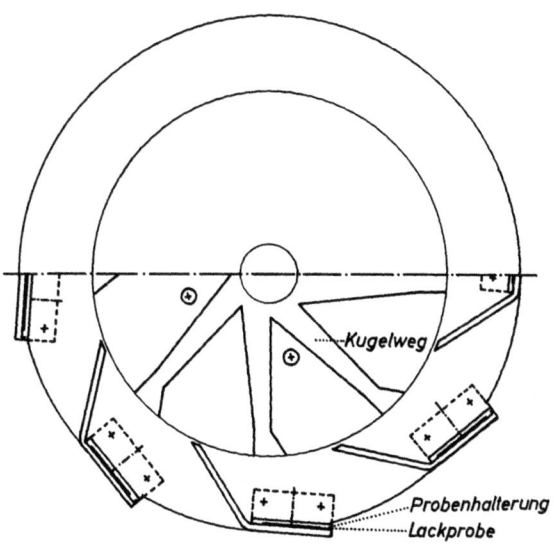

Abb. 2   Drehteller des Hagelschlagprüfgerätes nach Dantuma–Sikkens mit Kugelwegen und Probehalterung

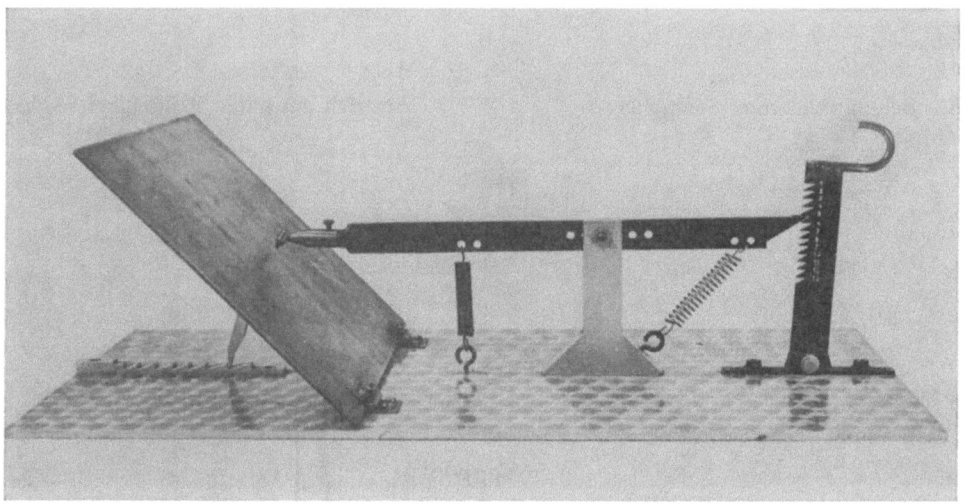

Abb. 3   Gerät zur Bestimmung der Steinschlagfestigkeit (»Hahnpick«-Methode)

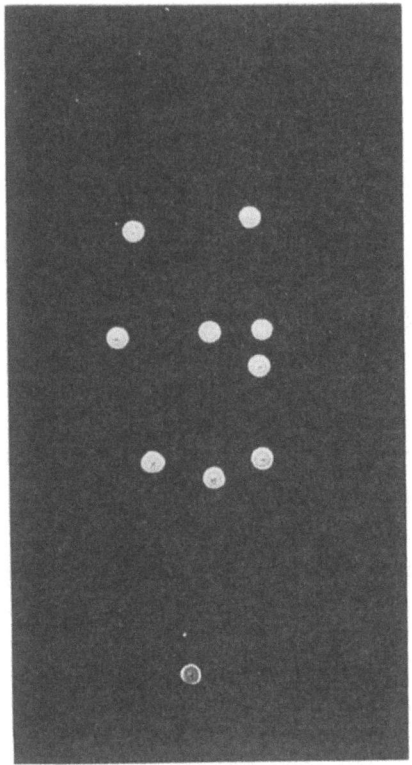

Abb. 4
Anstrich mit schlechter Steinschlagfestigkeit

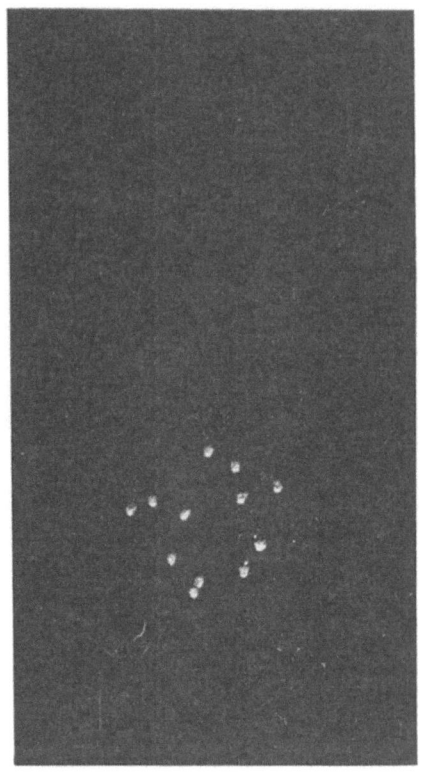

Abb. 5
Anstrich mit guter Steinschlagfestigkeit

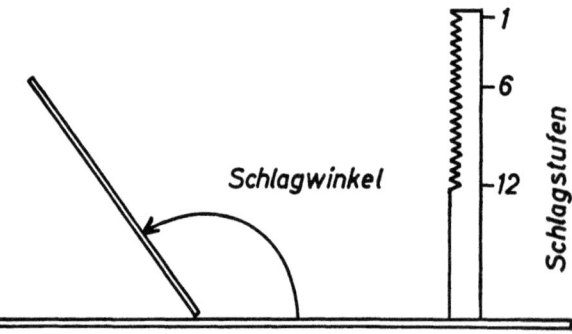

Abb. 6 Schlagwinkel und Schlagstufen (Schlagkraft) bei der »Hahnpick«-Methode zur Bestimmung der Steinschlagfestigkeit

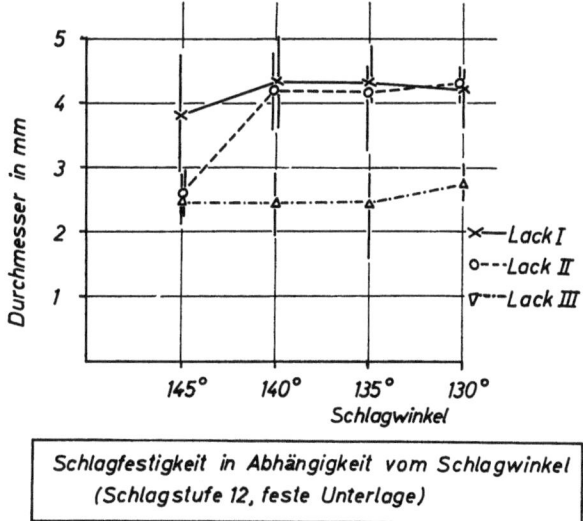

Abb. 7 Steinschlagfestigkeit in Abhängigkeit vom Schlagwinkel
(Schlagstufe 12, feste Unterlage)

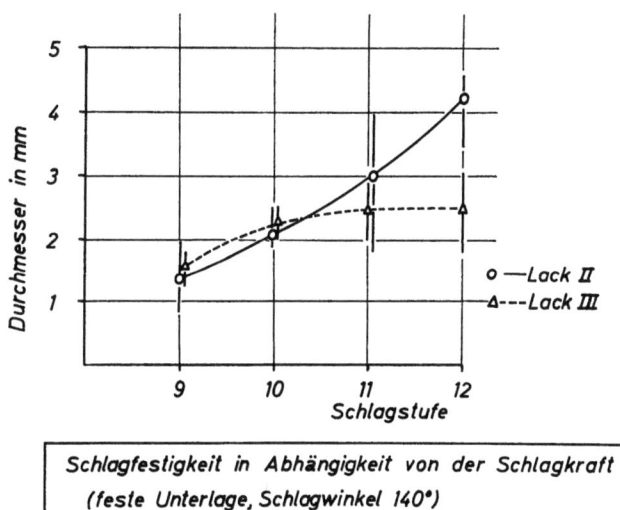

Abb. 8 Steinschlagfestigkeit in Abhängigkeit von der Schlagkraft
(feste Unterlage, Schlagwinkel 140°)

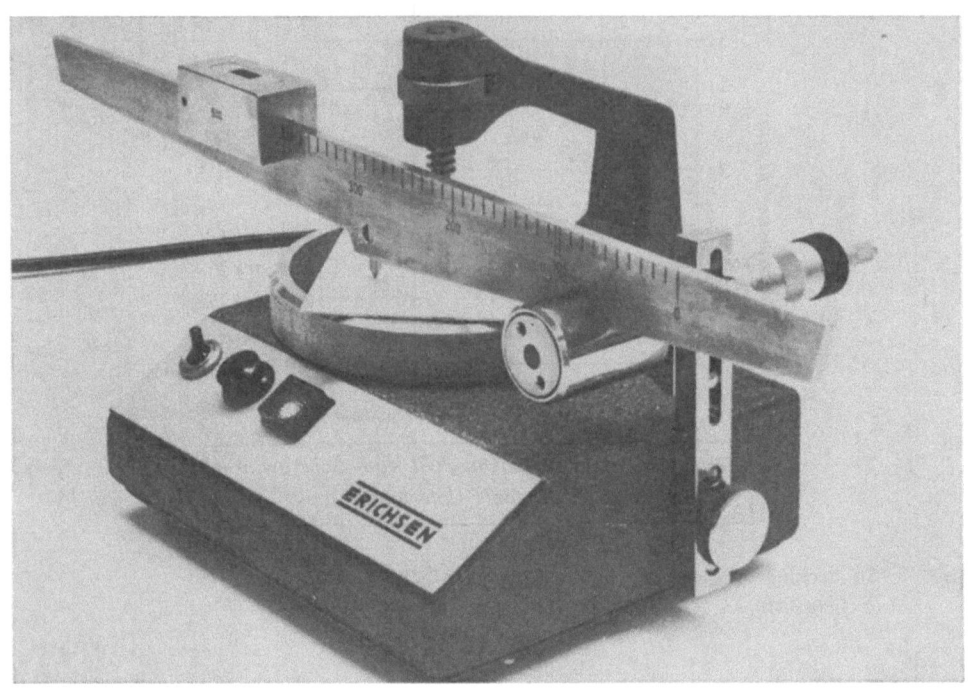

Abb. 9 Universal-Härte- und -Haftfestigkeitsprüfgerät Typ 413 (Fa. Erichsen)

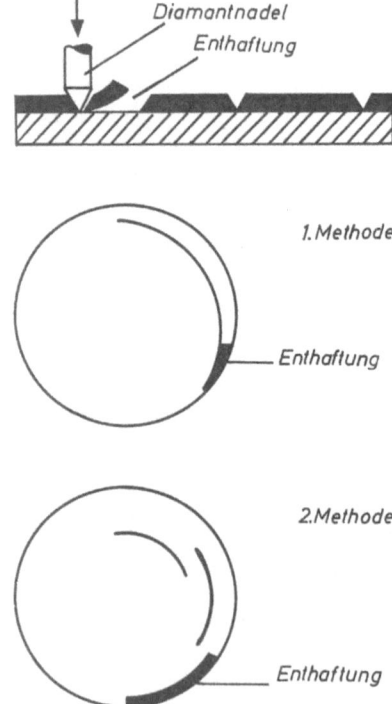

Abb. 10 Anbringen des Kreisschnitts für die Bestimmung der Haftfestigkeit mit dem Universal Härte- und -Haftfestigkeitsprüfgerät Typ 413

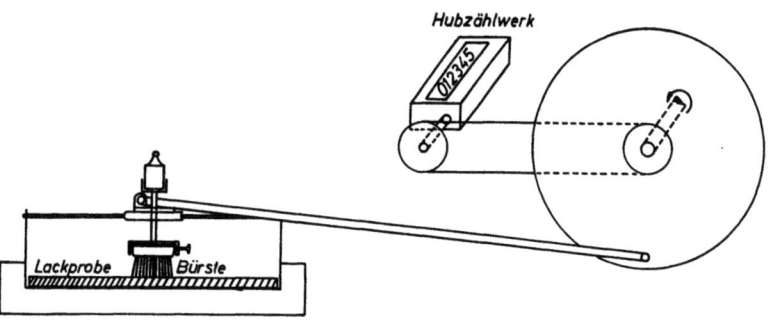

Abb. 11 Schematische Darstellung eines automatischen Schleifprüfgerätes zur Bestimmung der Oberflächenverletzlichkeit von Lackfilmen

Abb. 12–14 Glanzänderung bei Scheuerbeanspruchung ohne (—) und mit (×) zusätzlicher Belastung von 500 g
Einfallswinkel am Goniophotometer: a) 45°; b) 60°

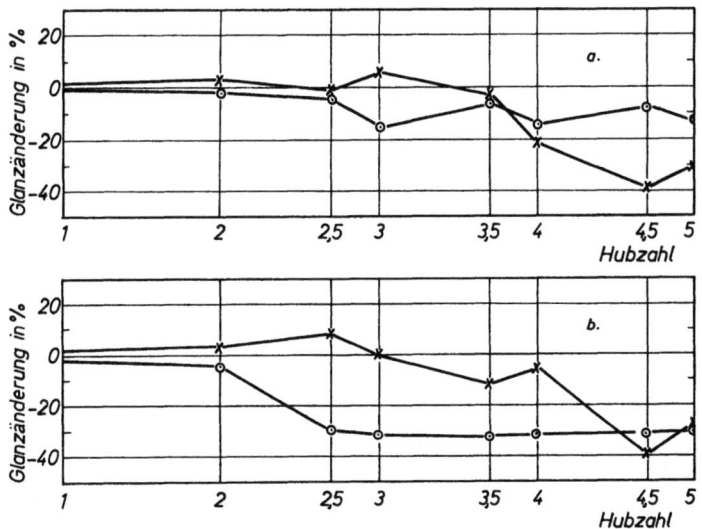

Abb. 12 Alkydharz–Cellulosenitrat-Kombinationslack

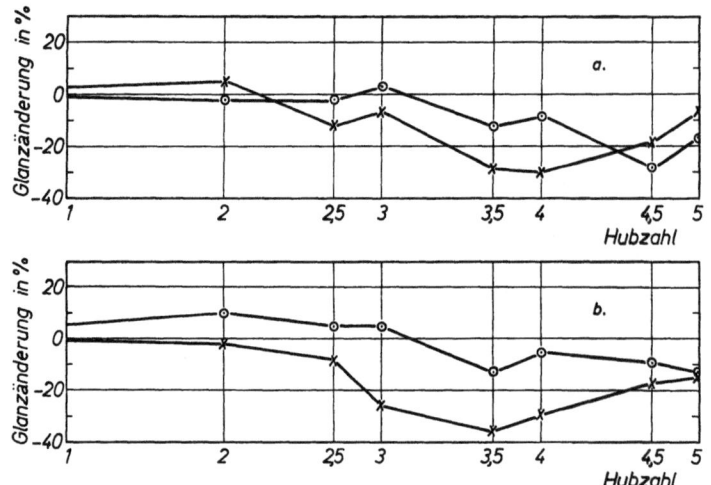

Abb. 13 Cocosalkyd–Melaminharz-Einbrennlack

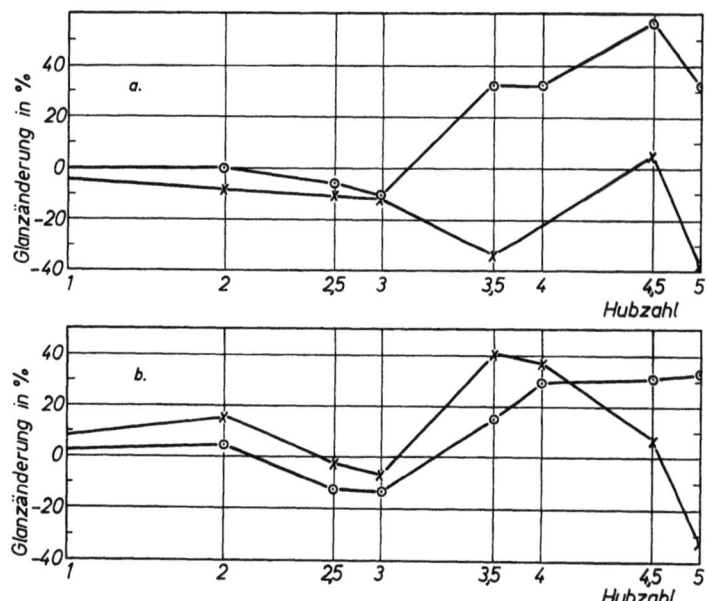

Abb. 14 Acrylharzlack

Forschungsberichte des Landes Nordrhein-Westfalen

Herausgegeben im Auftrage des Ministerpräsidenten Heinz Kühn
von Staatssekretär Professor Dr. h. c. Dr. E. h. Leo Brandt

Sachgruppenverzeichnis

Acetylen · Schweißtechnik
Acetylene · Welding gracitice
Acétylène · Technique du soudage
Acetileno · Técnica de la soldadura
Ацетилен и техника сварки

Arbeitswissenschaft
Labor science
Science du travail
Trabajo científico
Вопросы трудового процесса

Bau · Steine · Erden
Constructure · Construction material ·
Soil research
Construction · Matériaux de construction ·
Recherche souterraine
La construcción · Materiales de construcción ·
Reconocimiento del suelo
Строительство и строительные материалы

Bergbau
Mining
Exploitation des mines
Minería
Горное дело

Biologie
Biology
Biologie
Biologia
Биология

Chemie
Chemistry
Chimie
Quimica
Химия

Druck · Farbe · Papier · Photographie
Printing · Color · Paper · Photography
Imprimerie · Couleur · Papier · Photographie
Artes gráficas · Color · Papel · Fotografía
Типография · Краски · Бумага · Фотография

Eisenverarbeitende Industrie
Metal working industry
Industrie du fer
Industria del hierro
Металлообрабатывающая промышленность

Elektrotechnik · Optik
Electrotechnology · Optics
Electrotechnique · Optique
Electrotécnica · Optica
Электротехника и оптика

Energiewirtschaft
Power economy
Energie
Energía
Энергетическое хозяйство

Fahrzeugbau · Gasmotoren
Vehicle construction · Engines
Construction de véhicules · Moteurs
Construcción de vehículos · Motores
Производство транспортных · Средств

Fertigung
Fabrication
Fabrication
Fabricación
Производство

Funktechnik · Astronomie
Radio engineering · Astronomy
Radiotechnique Astronomie
Radiotécnica · Astronomía
Радиотехника и астрономия

Gaswirtschaft
Gas economy
Gaz
Gas
Газовое хозяйство

Holzbearbeitung
Wood working
Travail du bois
Trabajo de la madera
Деревообработка

Hüttenwesen · Werkstoffkunde
Metallurgy · Materials research
Métallurgie · Materiaux
Metalurgia · Materiales
Металлургия и материаловедение

Kunststoffe
Plastics
Plastiques
Plásticos
Пластмассы

Luftfahrt · Flugwissenschaft
Aeronautics · Aviation
Aéronautique · Aviation
Aeronáutica · Aviación
Авиация

Luftreinhaltung
Air-cleaning
Purification de l'air
Purificación del aire
Очищение воздуха

Maschinenbau
Machinery
Construction mécanique
Construcción de máquinas
Машиностроительство

Mathematik
Mathematics
Mathématiques
Matemáticas
Математика

Medizin · Pharmakologie
Medicine · Pharmacology
Médecine · Pharmacologie
Medicina · Farmacología
Медицина и фармакология

NE-Metalle
Non-ferrous metal
Metal non ferreux
Metal no ferroso
Цветные металлы

Physik
Physics
Physique
Física
Физика

Rationalisierung
Rationalizing
Rationalisation
Racionalización
Рационализация

Schall · Ultraschall
Sound · Ultrasonics
Son · Ultra-son
Sonido · Ultrasónico
Звук и ультразвук

Schiffahrt
Navigation
Navigation
Navegación
Судоходство

Textilforschung
Textile research
Textiles
Textil
Вопросы текстильной промышленности

Turbinen
Turbines
Turbines
Turbinas
Турбины

Verkehr
Traffic
Trafic
Tráfico
Транспорт

Wirtschaftswissenschaften
Political economy
Economie politique
Ciencias económicas
Экономические науки

Einzelverzeichnis der Sachgruppen bitte anfordern

Westdeutscher Verlag · Köln und Opladen
567 Opladen/Rhld., Ophovener Straße 1–3, Postfach 1620

MIX
Papier aus verantwortungsvollen Quellen
Paper from responsible sources
FSC® C105338

If you have any concerns about our products,
you can contact us on
ProductSafety@springernature.com

In case Publisher is established outside the EU,
the EU authorized representative is:
**Springer Nature Customer Service Center GmbH
Europaplatz 3, 69115 Heidelberg, Germany**

Printed by Libri Plureos GmbH
in Hamburg, Germany